KB121900

'예비 초등 수학'

구구단

2

예비 초등 | 구구단

구구단 FAQ

Q: 구구단은 언제 시작하면 좋을까요?

초등에서 곱셈이 처음 나오는 것은 2학년 1학기 마지막 단원입니다. 이 단원에서는 곱셈의 원리를 배우고, 2학년 2학기에 본격적으로 곱셈구구를 배웁니다. 그래서 2학년이 되어서 구구단을 외우면 된다고 생각하는 분도 있지만, 이때 한 번에 하려면 힘이 드는 것이 사실입니다. 아이가 빨리 외워야 한다는 부담감을 가지고 외우게 하는 것보다는 좀 더 어린 나이부터 시간이 날 때마다 천천히 익혀 두는 것이 좋습니다. 따라서 구구단을 시작하는 것은 빠를수록 좋다고 생각합니다.

Q: 구구단을 공부하려면 어떤 것을 알고 있어야 할까요?

구구단에 나오는 가장 큰 수가 81이므로 100까지의 수는 알고 있어야 합니다. 그렇다고 100까지의 수의 원리에 대해 초등 수준으로 자세하게 알 필요는 없습니다. 수를 읽고 세는 정도만 할 수 있어도 구구단을 할 수 있습니다.
한 자리 수의 덧셈 정도는 할 수 있어야 합니다. 곱셈은 여러 번 더하는 것과 같기 때문에 이러한 곱셈의 기본 개념을 모르고 외우면 무작정 외우는 것과 다르지 않습니다. 덧셈을 이용하여 곱 사이의 연계성을 생각하면 좀 더 효율적으로 곱셈구구를 학습할 수 있습니다.

Q: 구구단 외우지 않아도 된다는 말도 있는데...

구구단을 외우지 말라고 하는 주장은 정확하게는 구구단을 외우지 말라는 것이 아니라 아무 생각 없이 외우게 하느라 아이에게 스트레스를 주는 것이 좋지 않다는 의미입니다. 우리는 2부터 9까지의 수를 서로 더하는 덧셈구구를 외우지 않았지만 물어보면 바로 답이 나옵니다. 영어 단어는 외우지만, 한글 단어는 따로 외우지 않습니다. 덧셈이나 한글은 워낙 자주 사용하다 보니 저절로 익혀지기 때문입니다. 즉, 구구단도 이처럼 외우는 것이 아니라 익히는 것을 목표로 해야 합니다.

구구단을 외우는 가장 바람직한 방법은 식을 모두 외우는 것보다 구구단의 값을 익히는 것입니다. 구구단의 값은 모두 81개이지만 정작 배우고 익혀야 할 것은 생각보다 많지 않습니다.

곱셈표를 보면 1의 단은 외울 필요가 없고, 주황색으로 표시된 2의 단과 5의 단은 쉽게 익힐 수 있습니다. 또 노란색으로 표시한 곱은 바꾸어 곱하기를 이용하여 외울 수 있습니다. 그렇다면 남은 20개 남짓의 곱셈구구의 값만 새롭게 배우고 익히면 됩니다. 이러한 곱셈의 원리를 생각하면서 학습하면 나중에 곱셈의 응용문제도 좀 더 쉽게 해결할 수 있습니다.

×	1	2	3	4	5	6	7	8	9
1	1	2	3	4	5	6	7	8	9
2	2	4	6	8	10	12	14	16	18
3	3	6	9	12	15	18	21	24	27
4	4	8	12	16	20	24	28	32	36
5	5	10	15	20	25	30	35	40	45
6	6	12	18	24	30	36	42	48	54
7	7	14	21	28	35	42	49	56	63
8	8	16	24	32	40	48	56	64	72
9	9	18	27	36	45	54	63	72	81

Q: 19의 단까지 외우면 좋다는데 19의 단까지 외워야 할까요?

11의 단부터 19의 단은 익힐 수 있는 것이 아니라 외워야 합니다. 물론 아이들이 열심히 외우면 19의 단까지 다 외울 수 있고, 이렇게 외운 것이 곱셈 속도 향상에 도움이 되는 것은 분명합니다. 그러나 19의 단까지의 곱셈은 한 자리 수의 곱셈보다 외우는 데 훨씬 더 많은 수고가 필요하고, 이러한 수고가 필요한 만큼 19까지의 수의 곱셈이 자주 사용되지 않습니다. 어느 정도 형태를 익히는 것이 가능하고 자주 사용되는 11의 단이나 15의 단은 쓸모가 있겠지만 나머지는 외우는 노력에 비해 쓸 일은 별로 없어 보입니다.

Q: 노래로 구구단을 외우는 것이 가장 좋은 방법일까요?

엄마, 아빠들이 예전에 구구단 송으로 구구단을 외웠던 것처럼 요즘 아이들도 여러 가지 버전의 구구단 노래로 구구단을 익힙니다. 노래로 식을 외우는 것은 수학을 어려워하는 아이들도 부담 없이 쉽게 외울 수 있다는 점에서 분명 의미가 있습니다. 하지만 "이일은 이, 이이사, 이삼육,"과 같이 구구단을 순서대로 외운 친구들은 '7 곱하기 6은?'이라는 질문에 "칠일은 칠, 칠이십사,"와 같이 노래를 순서대로 외워야 답을 알 수 있기 때문에 바로 답이 나오지 않습니다. 따라서 구구단 노래만으로는 구구단을 잘 외웠다고 하기 어렵고, 반드시 학습을 통해 자연스럽게 익혀야 합니다.

Q: 구구단, 왜 중요할까요?

'23×34'라는 계산을 해보면 결국 곱셈구구과 덧셈구구를 여러 번 하게 됩니다. 이처럼 초등 2학년 이후의 모든 연산은 곱셈구구와 덧셈구구를 기본으로 합니다. 수학에는 여러 영역이 있지만 결국 연산이 가장 중요한 기본이자 토대입니다. 그런데 구구단을 잘 못한다면 이러한 연산의 토대가 무너지게 됩니다. 3학년부터 배우는 나눗셈은 물론, 더 복잡한 자연수의 사칙연산, 더 나아가 분수의 계산이나 약수와 배수와 같은 고학년-중등 수학까지 어려워지게 되므로 구구단을 어린 나이부터 탄탄하게 다지면서 익혀야 합니다.

Q: 구구단을 외울 때 교구가 필요할까요?

구구단을 익히는 데 있어 교구가 반드시 있어야 하는 것은 아닙니다. 다만 구구단을 초등 2학년보다 좀 더 어린 나이부터 천천히 익히는 것이 좋은 만큼 어린 나이에 맞는 교구 활동은 그 효과가 매우 크다는 것을 알아야 합니다.
교구의 목적은 학습을 보조하는 데 있지만, 또 하나의 중요한 역할이 있습니다. 아이들이 적절한 교구 활동을 통해 학습을 학습이 아닌 놀이로 인식하게 하여 스스로 즐겁게 학습을 하게 하는 목적이 있는 것입니다. 구구단을 구구단 노래나 학습을 통해 익혀가는 과정에서 교구 활동으로 구구단이 아이들의 입에 좀 더 끈끈하게 달라붙게 할 수 있다면 더할 나위 없이 좋은 학습이 될 거라 믿습니다.

이 책의 **2권**
차례

6주차 바꾸어 곱하기

바꾸어 곱하기

두 수를 바꾸어 곱을 구하세요.

두 수를 바꾸어 곱해도 계산 결과는 같아.

$2 \times 4 = \boxed{8}$

$4 \times 2 = \boxed{}$

$3 \times 5 = \boxed{}$

$5 \times 3 = \boxed{}$

$3 \times 4 = \boxed{}$

$4 \times 3 = \boxed{}$

$4 \times 5 = \boxed{}$

$5 \times 4 = \boxed{}$

🐷 바꾸어 곱하기를 생각하여 ☐ 안에 알맞은 수를 쓰세요.

$2 \times 3 = 3 \times \boxed{2}$ $2 \times 7 = \boxed{} \times 2$

$3 \times 6 = 6 \times \boxed{}$ $5 \times 6 = \boxed{} \times 5$

$4 \times 8 = 8 \times \boxed{}$ $3 \times 9 = \boxed{} \times 3$

$2 \times 6 = 12$ $3 \times 8 = 24$

$6 \times 2 = \boxed{}$ $8 \times 3 = \boxed{}$

$4 \times 7 = 28$ $5 \times 9 = 45$

$7 \times 4 = \boxed{}$ $9 \times 5 = \boxed{}$

32일차 6, 7, 8, 9와 2, 3의 곱

🐷 바꾸어 곱하기를 이용하여 6, 7, 8, 9와 2, 3의 곱을 알아봅시다.

×	1	2	3	4	5	6	7	8	9
1	1	2	3	4	5	6	7	8	9
2	2	4	6	8	10	12	14	16	18
3	3	6	9	12	15	18	21	24	27
4	4	8	12	16	20	24	28	32	36
5	5	10	15	20	25	30	35	40	45
6	6	12	18	24	30	36	42	48	54
7	7	14	21	28	35	42	49	56	63
8	8	16	24	32	40	48	56	64	72
9	9	18	27	36	45	54	63	72	81

6, 7, 8, 9와 2, 3의 곱은 2, 3과 6, 7, 8, 9의 곱과 같아

2, 3의 단 곱셈구구와 바꾸어 곱하기를 이용하면 쉽게 알 수 있어.

$6 \times 2 = \boxed{12}$ (2×6)

$7 \times 2 = \boxed{}$ (2×7)

$8 \times 2 = \boxed{}$ (2×8)

$9 \times 2 = \boxed{}$ (2×9)

$6 \times 3 = \boxed{}$ (3×6)

$7 \times 3 = \boxed{}$ (3×7)

$8 \times 3 = \boxed{}$ (3×8)

$9 \times 3 = \boxed{}$ (3×9)

바꾸어 곱셈을 하세요.

$2 \times 6 = \boxed{}$

$6 \times 2 = \boxed{}$

$2 \times 7 = \boxed{}$

$7 \times 2 = \boxed{}$

$2 \times 8 = \boxed{}$

$8 \times 2 = \boxed{}$

$2 \times 9 = \boxed{}$

$9 \times 2 = \boxed{}$

$3 \times 6 = \boxed{}$

$6 \times 3 = \boxed{}$

$3 \times 7 = \boxed{}$

$7 \times 3 = \boxed{}$

$3 \times 8 = \boxed{}$

$8 \times 3 = \boxed{}$

$3 \times 9 = \boxed{}$

$9 \times 3 = \boxed{}$

6, 7, 8, 9와 2, 3의 곱 연습

🐷 곱셈을 하여 알맞게 선을 이으세요.

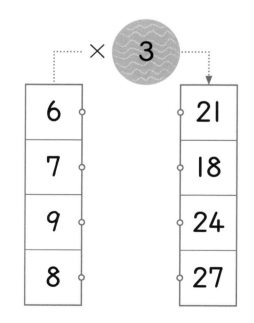

🐷 곱셈을 하세요.

$6 \times 3 = \boxed{18}$ $8 \times 3 = \boxed{}$ $6 \times 2 = \boxed{}$

$9 \times 2 = \boxed{}$ $7 \times 2 = \boxed{}$ $9 \times 3 = \boxed{}$

×	2	3
6	12 (6×2)	
7	14 (7×2)	

×	2	3
8		
9		

×	3	2
9		
8		

×	3	2
7		
6		

6, 7, 8, 9와 4, 5의 곱

🐷 바꾸어 곱하기를 이용하여 6, 7, 8, 9와 4, 5의 곱을 알아봅시다.

×	1	2	3	4	5	6	7	8	9
1	1	2	3	4	5	6	7	8	9
2	2	4	6	8	10	12	14	16	18
3	3	6	9	12	15	18	21	24	27
4	4	8	12	16	20	24	28	32	36
5	5	10	15	20	25	30	35	40	45
6	6	12	18	24	30	36	42	48	54
7	7	14	21	28	35	42	49	56	63
8	8	16	24	32	40	48	56	64	72
9	9	18	27	36	45	54	63	72	81

6, 7, 8, 9와 4, 5의 곱은 4, 5와 6, 7, 8, 9의 곱과 같아

4, 5의 단 곱셈구구와 바꾸어 곱하기를 이용하면 쉽게 알 수 있지.

$6 \times 4 = \boxed{24}$ (4×6) $6 \times 5 = \boxed{}$ (5×6)

$7 \times 4 = \boxed{}$ (4×7) $7 \times 5 = \boxed{}$ (5×7)

$8 \times 4 = \boxed{}$ (4×8) $8 \times 5 = \boxed{}$ (5×8)

$9 \times 4 = \boxed{}$ (4×9) $9 \times 5 = \boxed{}$ (5×9)

바꾸어 곱셈을 하세요.

$4 \times 6 =$ ☐

$6 \times 4 =$ ☐

$4 \times 7 =$ ☐

$7 \times 4 =$ ☐

$4 \times 8 =$ ☐

$8 \times 4 =$ ☐

$4 \times 9 =$ ☐

$9 \times 4 =$ ☐

$5 \times 6 =$ ☐

$6 \times 5 =$ ☐

$5 \times 7 =$ ☐

$7 \times 5 =$ ☐

$5 \times 8 =$ ☐

$8 \times 5 =$ ☐

$5 \times 9 =$ ☐

$9 \times 5 =$ ☐

6, 7, 8, 9와 4, 5의 곱 연습

곱셈을 하여 알맞게 선을 이으세요.

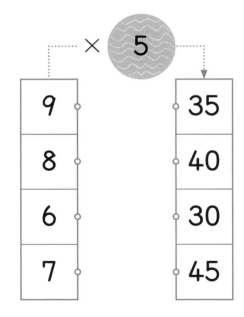

곱셈을 하세요.

$6 \times 5 =$ ☐ $8 \times 4 =$ ☐ $7 \times 4 =$ ☐

$7 \times 5 =$ ☐ $9 \times 5 =$ ☐ $9 \times 4 =$ ☐

×	4	5
7		
6		

×	4	5
9		
8		

×	5	4
8		
9		

×	5	4
6		
7		

6, 7, 8, 9와 2~5의 곱 연습 (1)

곱셈을 하여 알맞게 선을 이으세요.

5 × 6	30	7 × 5
5 × 9	35	6 × 5
5 × 7	45	9 × 5

4 × 7	28	9 × 4
4 × 9	32	7 × 4
4 × 8	36	8 × 4

3 × 8	27	8 × 3
3 × 6	24	9 × 3
3 × 9	18	6 × 3

🐷 ☐ 안에 알맞은 수를 쓰세요.

$7 \times 4 = 4 \times \boxed{7} = \boxed{28}$　　　　$9 \times 2 = \boxed{} \times 9 = \boxed{}$

$9 \times 5 = 5 \times \boxed{} = \boxed{}$　　　　$6 \times 5 = \boxed{} \times 6 = \boxed{}$

$8 \times 3 = 3 \times \boxed{} = \boxed{}$　　　　$7 \times 3 = \boxed{} \times 7 = \boxed{}$

$6 \times 3 = \boxed{}$　　　$7 \times 2 = \boxed{}$　　　$8 \times 4 = \boxed{}$

$9 \times 4 = \boxed{}$　　　$8 \times 5 = \boxed{}$　　　$9 \times 5 = \boxed{}$

$8 \times 3 = \boxed{}$　　　$9 \times 3 = \boxed{}$　　　$6 \times 4 = \boxed{}$

확인학습

1 바꾸어 곱셈을 하세요.

$4 \times 7 =$ ☐

$7 \times 4 =$ ☐

$3 \times 9 =$ ☐

$9 \times 3 =$ ☐

2 곱셈을 하여 알맞게 선을 이으세요.

4×9		24		7×5
5×7		36		8×3
3×8		35		9×4

3 곱셈을 하세요.

$8 \times 4 =$ ☐

$6 \times 3 =$ ☐

$9 \times 5 =$ ☐

7주차 9의 단 곱셈구구

6, 7, 8, 9와 2~5의 곱 연습 (2)

 주어진 수를 이용하여 곱셈식 2개를 만드세요.

45	9	5

$5 \times 9 = 45$

$9 \times 5 = 45$

7	21	3

$\square \times \square = \square$

$\square \times \square = \square$

6	4	24

$\square \times \square = \square$

$\square \times \square = \square$

9	18	2

$\square \times \square = \square$

$\square \times \square = \square$

8	2	16

$\square \times \square = \square$

$\square \times \square = \square$

5	35	7

$\square \times \square = \square$

$\square \times \square = \square$

🐷 ⬤ 안의 수가 곱셈구구의 값이 되는 두 수를 찾아 선으로 이으세요.

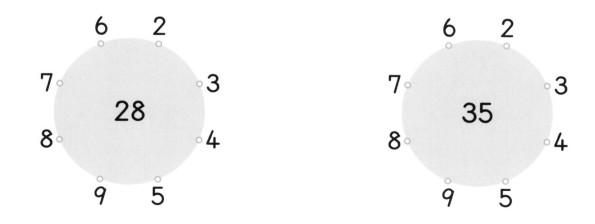

6, 7, 8, 9와 2~5의 곱 연습 (3)

🐷 선으로 이어진 두 수의 곱을 ☐ 안에 쓰세요.

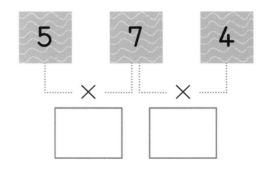

안에 알맞은 수를 쓰세요.

$6 \times 2 = 12$ $\boxed{} \times 3 = 21$ $\boxed{} \times 4 = 32$

$\boxed{} \times 4 = 28$ $\boxed{} \times 5 = 30$ $\boxed{} \times 4 = 24$

$\boxed{} \times 5 = 45$ $\boxed{} \times 3 = 27$ $\boxed{} \times 2 = 14$

×	2	3
6		
7		
8		
9		

×	4	5
6		
7		
8		
9		

100까지의 수

🐷 얼마인지 ☐ 안에 쓰세요.

| 42 | 원

| | 원

| | 원

| | 원

| | 원

| | 원

| | 원

| | 원

| | 원

100까지의 수를 바르게 읽은 것을 찾아 선으로 이으세요.

36	사십팔
42	사십이
48	삼십육

56	사십구
49	육십삼
63	오십육

64	사십
40	육십사
72	칠십이

54	사십오
81	팔십일
45	오십사

9씩 뛰어 세기

9씩 뛰어 세었습니다. ☐ 안에 9씩 뛰어 센 수를 쓰고, 옳은 말에 ◯표 하세요.

1	2	3	4	5	6	7	8	9	10
11	12	13	14	15	16	17	18	19	20
21	22	23	24	25	26	27	28	29	30
31	32	33	34	35	36	37	38	39	40
41	42	43	44	45	46	47	48	49	50
51	52	53	54	55	56	57	58	59	60
61	62	63	64	65	66	67	68	69	70
71	72	73	74	75	76	77	78	79	80
81	82	83	84	85	86	87	88	89	90

9 – 18 – 27 – ☐ – ☐ – ☐ – ☐ – ☐ – 81

■ 9씩 뛰어 세면 십의 자리 숫자는 ☐ 1 씩 (커지고 , 작아지고),

 일의 자리 숫자는 ☐ 씩 (커집니다 , 작아집니다),

■ 9씩 뛰어 센 수의 일의 숫자와 십의 자리 숫자의 합은 모두 ☐ 입니다.

🐭 **9씩 뛰어 세어 차례로 선을 이으세요.**

9	18	25	32
19	27	36	49
56	54	45	60
69	63	72	81

구	십육	삼십이	사십팔
십팔	이십오	칠십일	오십육
이십칠	삼십	육십삼	칠십이
삼십육	사십오	오십사	팔십일

9	16	28	48
18	27	54	63
24	36	45	72
64	46	56	81

구	십팔	이십칠	삼십육
십육	이십팔	칠십사	사십오
이십칠	삼십팔	육십삼	오십사
사십이	십오	칠십이	팔십일

9의 단 곱셈구구

🐷 9의 단 곱셈구구를 알아봅시다.

×	1	2	3	4	5	6	7	8	9
1	1	2	3	4	5	6	7	8	9
2	2	4	6	8	10	12	14	16	18
3	3	6	9	12	15	18	21	24	27
4	4	8	12	16	20	24	28	32	36
5	5	10	15	20	25	30	35	40	45
6	6	12	18	24	30	36	42	48	54
7	7	14	21	28	35	42	49	56	63
8	8	16	24	32	40	48	56	64	72
9	9	18	27	36	45	54	63	72	81

9의 단 곱셈구구의 앞부분은 바꾸어 곱하기를 이용하여 이미 알고 있어.

9의 단 곱셈구구의 값은 일의 자리 숫자와 십의 자리 숫자를 더하면 항상 9가 돼.

$9 \times 1 =$ ☐ 구일은구

$9 \times 2 =$ ☐ 구이십팔

$9 \times 3 =$ ☐ 구삼이십칠

$9 \times 4 =$ ☐ 구사삼십육

$9 \times 5 =$ ☐ 구오사십오

$9 \times 6 =$ ☐ 구육오십사

$9 \times 7 =$ ☐ 구칠육십삼

$9 \times 8 =$ ☐ 구팔칠십이

$9 \times 9 =$ ☐ 구구팔십일

🫐 9의 단 곱셈을 하세요.

$9 \times 1 =$ ☐ 　　　$9 \times 4 =$ ☐ 　　　$9 \times 7 =$ ☐

$9 \times 2 =$ ☐ 　　　$9 \times 5 =$ ☐ 　　　$9 \times 8 =$ ☐

$9 \times 3 =$ ☐ 　　　$9 \times 6 =$ ☐ 　　　$9 \times 9 =$ ☐

×	1	2	3
9			

×	3	4	5
9			

×	5	6	7
9			

×	7	8	9
9			

9의 단 손가락 구구법

손가락을 이용하여 9의 단 곱셈구구를 알아봅시다.

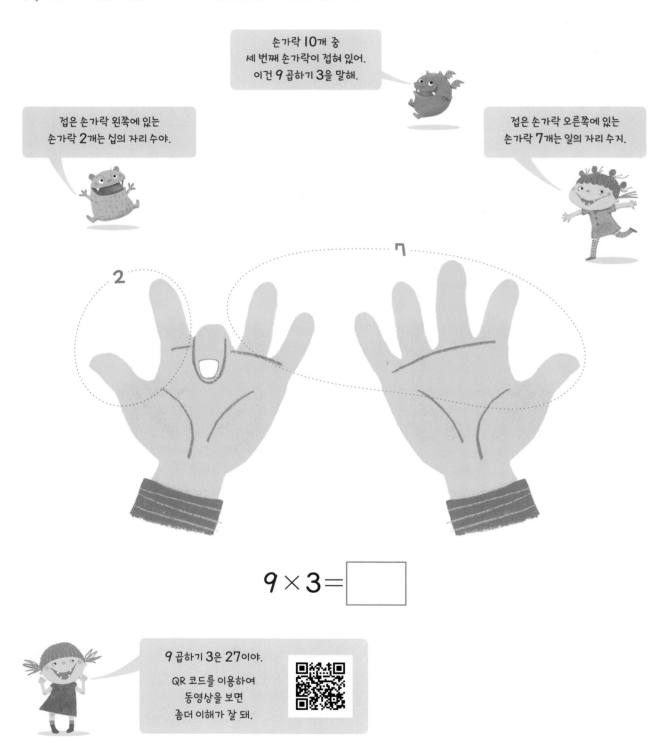

손가락 10개 중
세 번째 손가락이 접혀 있어.
이건 9 곱하기 3을 말해.

접은 손가락 왼쪽에 있는
손가락 2개는 십의 자리 수야.

접은 손가락 오른쪽에 있는
손가락 7개는 일의 자리 수지.

$9 \times 3 =$ ☐

9 곱하기 3은 27이야.

QR 코드를 이용하여
동영상을 보면
좀더 이해가 잘 돼.

🐛 손가락을 보고 곱셈을 하세요.

$9 \times 4 =$

$9 \times 7 =$

$9 \times 8 =$

$9 \times 2 =$

확인학습

1 선으로 이어진 두 수의 곱을 □ 안에 쓰세요.

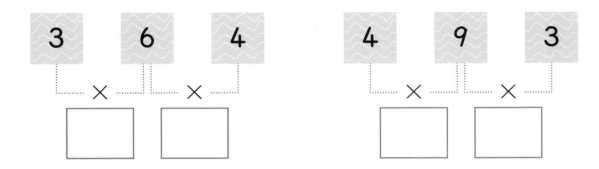

2 9씩 뛰어 센 수를 차례대로 쓰세요.

3 곱셈을 하세요.

$7 \times 2 =$ ☐ $8 \times 4 =$ ☐ $9 \times 6 =$ ☐

8주차 6의 단 곱셈구구

9의 단 곱셈구구 연습

🐷 9의 단 곱셈구구의 값이 아닌 것을 모두 찾아 ✕표 하세요.

9	~~16~~	81	36	~~35~~	27

54	72	45	80	18	53

🐷 곱셈구구의 값을 따라 지나는 길을 선으로 나타내세요.

🐷 숫자 카드를 한 장씩 모두 사용하여 곱셈식을 완성하세요.

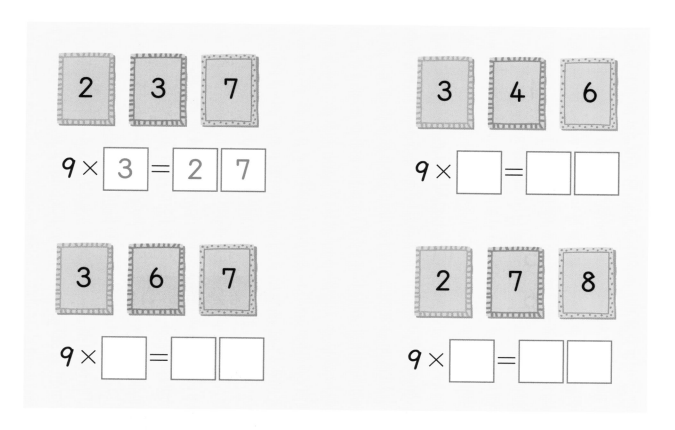

🐷 곱셈을 하여 빈칸에 알맞은 수를 쓰세요.

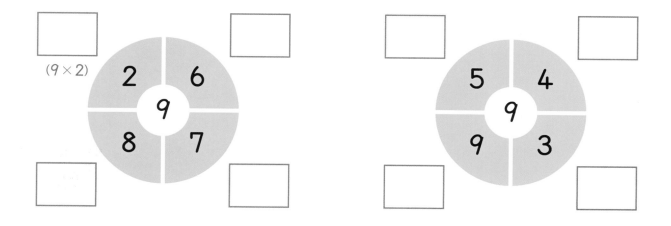

손가락 구구법 (1)

🐷 6, 7, 8, 9의 단 곱셈구구를 손가락 구구법으로 나타내는 방법을 알아봅시다.

×	1	2	3	4	5	6	7	8	9
1	1	2	3	4	5	6	7	8	9
2	2	4	6	8	10	12	14	16	18
3	3	6	9	12	15	18	21	24	27
4	4	8	12	16	20	24	28	32	36
5	5	10	15	20	25	30	35	40	45
6	6	12	18	24	30	36	42	48	54
7	7	14	21	28	35	42	49	56	63
8	8	16	24	32	40	48	56	64	72
9	9	18	27	36	45	54	63	72	81

초록색으로 색칠된 부분이 손가락 구구법으로 배울 곱셈이야.

이제 곱셈구구를 전부 배운 것이 되는구나.

이 부분이 가장 어려운데 무슨 비법이 있나?

QR 코드를 이용하여 동영상을 보면 좀더 이해가 잘 돼.

■ 왼손은 곱해지는 수가 됩니다.

6   7   8   9

■ 오른손은 곱하는 수가 됩니다.

6   7   8   9

손가락 모양을 보고 알맞은 곱셈식을 쓰세요.

$6 \times \boxed{}$

$\boxed{} \times \boxed{}$

손가락 구구법 (2)

손가락 구구법을 이용하여 6, 7, 8, 9의 단 곱셈구구를 알아봅시다.

왼쪽 손은 7, 오른쪽 손은 8을 나타내는거야.

우와~
7×8을 나타내는구나.

3×2=6

2+3=5

$$7 \times 8 = \boxed{}$$

접은 손가락 개수를 더해.
2+3=5
이건 십의 자리 수가 돼.

편 손가락 개수를 곱해.
3×2=6
이건 일의 자리 수야.
7×8=56인 거야.

손가락 모양을 보고 곱셈을 하세요.

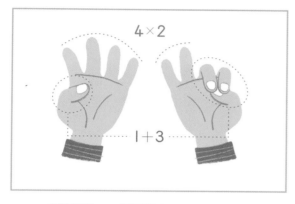

$$6 \times 8 = \boxed{}$$

$$\boxed{} \times \boxed{} = \boxed{}$$

손가락을 이용하여 곱셈을 하세요.

$6 \times 9 = \boxed{}$ $8 \times 8 = \boxed{}$ $7 \times 7 = \boxed{}$

$9 \times 8 = \boxed{}$ $7 \times 9 = \boxed{}$ $8 \times 7 = \boxed{}$

손가락 구구법 (3)

손가락 구구법을 이용하여 6 × 6, 6 × 7, 7 × 6을 알아봅시다.

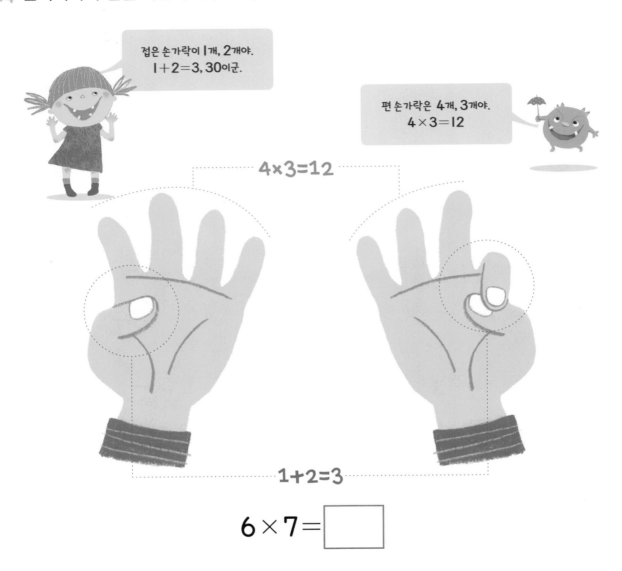

접은 손가락이 1개, 2개야.
1+2=3, 30이군.

편 손가락은 4개, 3개야.
4×3=12

4×3=12

1+2=3

$$6 \times 7 = \boxed{}$$

따라서 6×7은
30+12=42가 되는거야.

손가락 모양을 보고 곱셈을 하세요.

□ × □ = □

□ × □ = □

손가락을 이용하여 곱셈을 하세요.

$6 \times 6 =$ □ $6 \times 7 =$ □ $7 \times 6 =$ □

6의 단 곱셈구구

🐷 6의 단 곱셈구구를 알아봅시다.

×	1	2	3	4	5	6	7	8	9
1	1	2	3	4	5	6	7	8	9
2	2	4	6	8	10	12	14	16	18
3	3	6	9	12	15	18	21	24	27
4	4	8	12	16	20	24	28	32	36
5	5	10	15	20	25	30	35	40	45
6	6	12	18	24	30	36	42	48	54
7	7	14	21	28	35	42	49	56	63
8	8	16	24	32	40	48	56	64	72
9	9	18	27	36	45	54	63	72	81

곱셈구구를 모두 익혔지만
6의 단 곱셈구구를
다시 한 번 익혀보자.

6의 단 곱셈구구의 앞부분은
바꾸어 곱하기를 이용하면
쉽게 외울 수 있어.

6의 단 곱셈구구의
뒷부분은 손가락 구구법을
이용해.

$6 \times 1 = \boxed{}$ 육일은육

$6 \times 2 = \boxed{}$ 육이십이

$6 \times 3 = \boxed{}$ 육삼십팔

$6 \times 4 = \boxed{}$ 육사이십사

$6 \times 5 = \boxed{}$ 육오삼십

$6 \times 6 = \boxed{}$ 육육삼십육

$6 \times 7 = \boxed{}$ 육칠사십이

$6 \times 8 = \boxed{}$ 육팔사십팔

$6 \times 9 = \boxed{}$ 육구오십사

🐷 6의 단 곱셈을 하세요.

$6 \times 1 = \boxed{}$ $6 \times 4 = \boxed{}$ $6 \times 7 = \boxed{}$

$6 \times 2 = \boxed{}$ $6 \times 5 = \boxed{}$ $6 \times 8 = \boxed{}$

$6 \times 3 = \boxed{}$ $6 \times 6 = \boxed{}$ $6 \times 9 = \boxed{}$

×	2	5	3
6			

×	4	7	8
6			

×	6	4	8
6			

×	7	3	9
6			

6의 단 곱셈구구 연습

🐷 □ 안에 알맞은 수를 넣으세요.

$6 \times 2 = 2 \times \boxed{6} = \boxed{12}$

$6 \times 3 = \boxed{} \times 6 = \boxed{}$

$6 \times 4 = 4 \times \boxed{} = \boxed{}$

$6 \times 5 = \boxed{} \times 6 = \boxed{}$

$6 \times 5 = \boxed{}$
$6 \times 6 = \boxed{}$ +6

$6 \times 6 = \boxed{}$
$6 \times 7 = \boxed{}$ +6

$6 \times 7 = \boxed{}$
$6 \times 8 = \boxed{}$ +6

$6 \times 8 = \boxed{}$
$6 \times 9 = \boxed{}$ +6

🐷 곱셈구구의 값을 따라 지나는 길을 선으로 나타내세요.

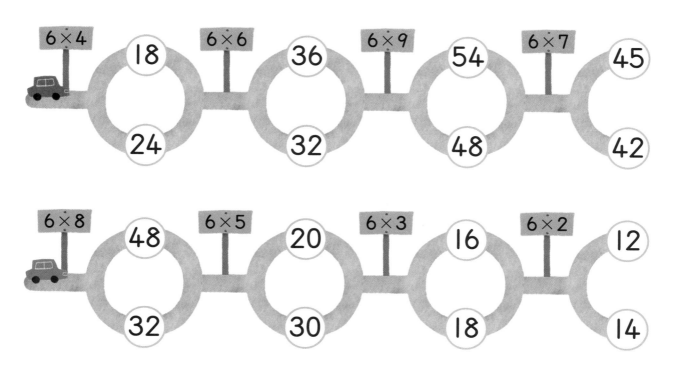

🐷 곱셈을 하여 빈칸에 알맞은 수를 쓰세요.

1 숫자 카드를 한 번씩 모두 사용하여 곱셈식을 완성하세요.

$9 \times \boxed{} = \boxed{} \boxed{}$

$9 \times \boxed{} = \boxed{} \boxed{}$

2 □ 안에 알맞은 수를 넣으세요.

$6 \times 3 = 3 \times \boxed{} = \boxed{}$

$6 \times 4 = \boxed{} \times 6 = \boxed{}$

$6 \times 5 = \boxed{}$
$6 \times 6 = \boxed{}$ $+6$

$6 \times 8 = \boxed{}$
$6 \times 9 = \boxed{}$ $+6$

3 곱셈을 하세요.

$6 \times 4 = \boxed{}$

$9 \times 7 = \boxed{}$

$6 \times 6 = \boxed{}$

9주차 7, 8의 단 곱셈구구

7의 단 곱셈구구

🐛 7의 단 곱셈구구를 알아봅시다.

×	1	2	3	4	5	6	7	8	9
1	1	2	3	4	5	6	7	8	9
2	2	4	6	8	10	12	14	16	18
3	3	6	9	12	15	18	21	24	27
4	4	8	12	16	20	24	28	32	36
5	5	10	15	20	25	30	35	40	45
6	6	12	18	24	30	36	42	48	54
7	7	14	21	28	35	42	49	56	63
8	8	16	24	32	40	48	56	64	72
9	9	18	27	36	45	54	63	72	81

7의 단 곱셈구구의 앞부분은 바꾸어 곱하기를 이용하면 쉽게 외울 수 있어.

7의 단 곱셈구구의 뒷부분은 손가락 구구법을 이용해.

$7 \times 1 = \boxed{}$ 칠일은칠

$7 \times 4 = \boxed{}$ 칠사이십팔

$7 \times 7 = \boxed{}$ 칠칠사십구

$7 \times 2 = \boxed{}$ 칠이십사

$7 \times 5 = \boxed{}$ 칠오삼십오

$7 \times 8 = \boxed{}$ 칠팔오십육

$7 \times 3 = \boxed{}$ 칠삼이십일

$7 \times 6 = \boxed{}$ 칠육사십이

$7 \times 9 = \boxed{}$ 칠구육십삼

🐷 **7의 단 곱셈을 하세요.**

$7 \times 1 =$ ☐ $7 \times 4 =$ ☐ $7 \times 7 =$ ☐

$7 \times 2 =$ ☐ $7 \times 5 =$ ☐ $7 \times 8 =$ ☐

$7 \times 3 =$ ☐ $7 \times 6 =$ ☐ $7 \times 9 =$ ☐

×	3	4	2
7			

×	5	7	9
7			

×	6	8	5
7			

×	4	9	8
7			

7의 단 곱셈구구 연습

 안에 알맞은 수를 넣으세요.

$7 \times 2 = 2 \times \boxed{} = \boxed{}$ $7 \times 3 = \boxed{} \times 7 = \boxed{}$

$7 \times 4 = \boxed{} \times 7 = \boxed{}$ $7 \times 5 = 5 \times \boxed{} = \boxed{}$

$7 \times 5 = \boxed{}$
$7 \times 6 = \boxed{}$ $+7$

$7 \times 6 = \boxed{}$
$7 \times 7 = \boxed{}$ $+7$

$7 \times 7 = \boxed{}$
$7 \times 8 = \boxed{}$ $+7$

$7 \times 8 = \boxed{}$
$7 \times 9 = \boxed{}$ $+7$

🐷 곱셈구구의 값을 따라 지나는 길을 선으로 나타내세요.

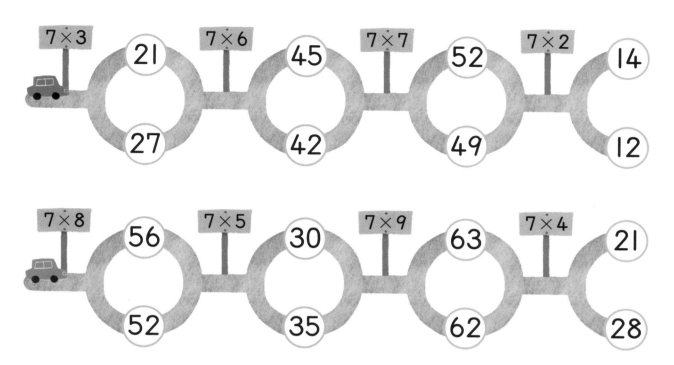

🐷 곱셈을 하여 빈칸에 알맞은 수를 쓰세요.

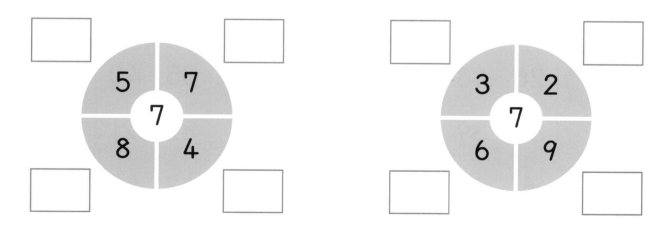

6, 7의 단 곱셈구구 연습

🐷 곱셈을 하여 알맞게 선을 이으세요.

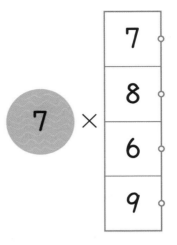

🐷 ⬤ 안 단의 값이 아닌 것을 모두 찾아 ✕표 하세요.

12	45	18
20	24	46
26	48	42
30	39	54
6	36	51

6

7	27	49
13	14	54
35	40	28
32	21	56
42	63	60

7

🐗 6과 7의 단 곱셈을 하세요.

$6 \times 9 = \boxed{}$ $6 \times 3 = \boxed{}$ $7 \times 8 = \boxed{}$

$6 \times 8 = \boxed{}$ $7 \times 5 = \boxed{}$ $7 \times 7 = \boxed{}$

$6 \times 7 = \boxed{}$ $7 \times 2 = \boxed{}$ $7 \times 9 = \boxed{}$

×	2	9	6
6			

×	5	4	7
7			

×	3	7	8
6			
7			

×	6	9	4
6			
7			

8의 단 곱셈구구

🐷 8의 단 곱셈구구를 알아봅시다.

×	1	2	3	4	5	6	7	8	9
1	1	2	3	4	5	6	7	8	9
2	2	4	6	8	10	12	14	16	18
3	3	6	9	12	15	18	21	24	27
4	4	8	12	16	20	24	28	32	36
5	5	10	15	20	25	30	35	40	45
6	6	12	18	24	30	36	42	48	54
7	7	14	21	28	35	42	49	56	63
8	8	16	24	32	40	48	56	64	72
9	9	18	27	36	45	54	63	72	81

8의 단 곱셈구구의 앞부분은 바꾸어 곱하기, 뒷부분은 손가락 구구법을 이용해.

9의 단 곱셈구구는 이미 공부했으니 이제 마지막 단이야.

$8 \times 1 = \boxed{}$ 팔일은팔

$8 \times 4 = \boxed{}$ 팔사삼십이

$8 \times 7 = \boxed{}$ 팔칠오십육

$8 \times 2 = \boxed{}$ 팔이십육

$8 \times 5 = \boxed{}$ 팔오사십

$8 \times 8 = \boxed{}$ 팔팔육십사

$8 \times 3 = \boxed{}$ 팔삼이십사

$8 \times 6 = \boxed{}$ 팔육사십팔

$8 \times 9 = \boxed{}$ 팔구칠십이

🐛 8의 단 곱셈을 하세요.

$8 \times 1 = \boxed{}$ $8 \times 4 = \boxed{}$ $8 \times 7 = \boxed{}$

$8 \times 2 = \boxed{}$ $8 \times 5 = \boxed{}$ $8 \times 8 = \boxed{}$

$8 \times 3 = \boxed{}$ $8 \times 6 = \boxed{}$ $8 \times 9 = \boxed{}$

×	4	7	3
8			

×	6	8	5
8			

×	9	2	6
8			

×	8	9	7
8			

8의 단 곱셈구구 연습

🐷 ☐ 안에 알맞은 수를 넣으세요.

$8 \times 2 = 2 \times \boxed{} = \boxed{}$　　　　$8 \times 3 = \boxed{} \times 8 = \boxed{}$

$8 \times 4 = \boxed{} \times 8 = \boxed{}$　　　　$8 \times 5 = 5 \times \boxed{} = \boxed{}$

$8 \times 5 = \boxed{}$
$8 \times 6 = \boxed{}$　　$+8$

$8 \times 6 = \boxed{}$
$8 \times 7 = \boxed{}$　　$+8$

$8 \times 7 = \boxed{}$
$8 \times 8 = \boxed{}$　　$+8$

$8 \times 8 = \boxed{}$
$8 \times 9 = \boxed{}$　　$+8$

🐷 곱셈구구의 값을 따라 지나는 길을 선으로 나타내세요.

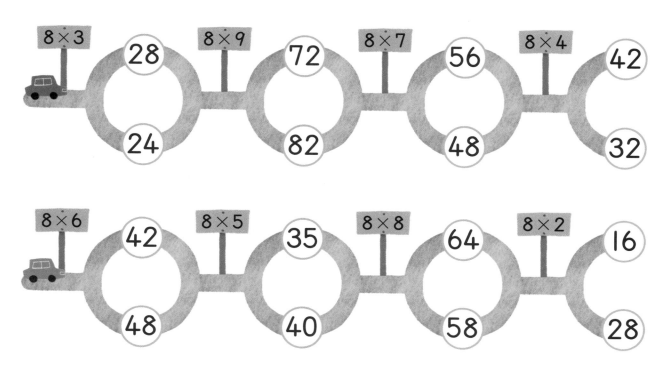

🐷 곱셈을 하여 빈칸에 알맞은 수를 쓰세요.

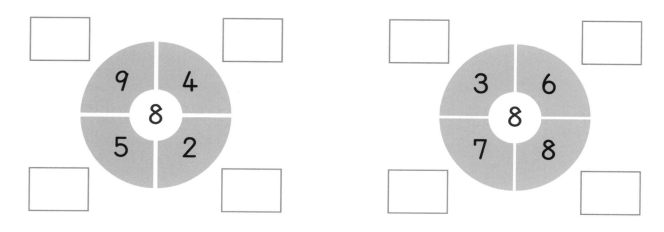

7, 8의 단 곱셈구구 연습

🐷 곱셈을 하여 알맞게 선을 이으세요.

(7 × 4)

🐷 7과 8의 단 곱셈을 하세요.

$7 \times 5 =$ ☐ $7 \times 9 =$ ☐ $8 \times 8 =$ ☐

$7 \times 8 =$ ☐ $8 \times 6 =$ ☐ $8 \times 4 =$ ☐

$7 \times 7 =$ ☐ $8 \times 7 =$ ☐ $8 \times 9 =$ ☐

×	6	4	2
7			

×	3	8	5
8			

×	4	7	9
7			
8			

×	5	9	6
8			
7			

확인학습

1 ☐안에 알맞은 수를 넣으세요.

$7 \times 3 = 3 \times \boxed{} = \boxed{}$　　　$8 \times 4 = \boxed{} \times 8 = \boxed{}$

$7 \times 5 = \boxed{}$

$\qquad +7$

$7 \times 6 = \boxed{}$

$8 \times 5 = \boxed{}$

$\qquad +8$

$8 \times 6 = \boxed{}$

2 곱셈구구의 값을 따라 지나는 길을 선으로 나타내세요.

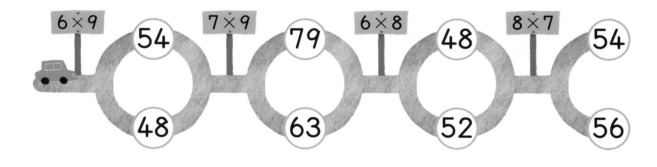

3 곱셈을 하세요.

$6 \times 8 = \boxed{}$　　　$7 \times 6 = \boxed{}$　　　$8 \times 9 = \boxed{}$

10주차 곱셈구구

6~9의 단 곱셈구구 연습 (1)

🐷 각 단의 값을 따라 미로를 통과하세요.

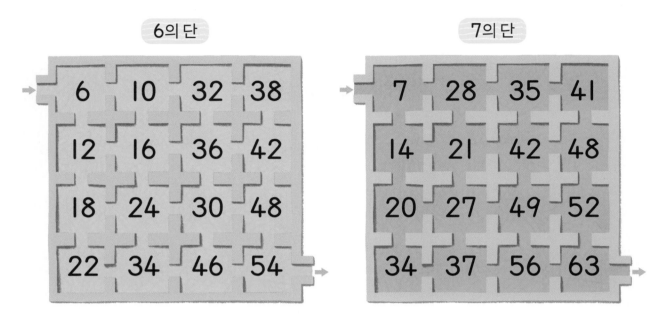

6의 단

6	10	32	38
12	16	36	42
18	24	30	48
22	34	46	54

7의 단

7	28	35	41
14	21	42	48
20	27	49	52
34	37	56	63

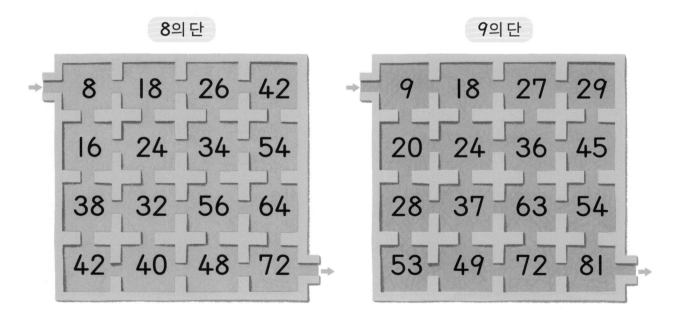

8의 단

8	18	26	42
16	24	34	54
38	32	56	64
42	40	48	72

9의 단

9	18	27	29
20	24	36	45
28	37	63	54
53	49	72	81

각 단의 값이 아닌 것을 모두 찾아 ✕표 하세요.

6의 단

6	16	42	26	54	36
30	18	48	40	24	12

7의 단

21	27	28	63	49	64
56	14	60	35	42	7

8의 단

40	8	72	64	16	56
28	32	54	24	63	48

9의 단

18	19	9	82	27	36
49	72	45	54	81	63

6~9의 단 곱셈구구 연습 (2)

🐷 관계있는 것끼리 선으로 이으세요.

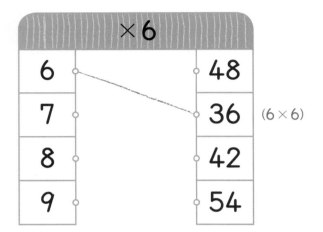

×6	
6	48
7	36　(6×6)
8	42
9	54

×7	
9	56
8	63
7	42
6	49

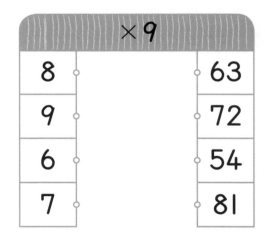

×8	
7	48
6	72
9	64
8	56

×9	
8	63
9	72
6	54
7	81

곱셈을 하세요.

$6 \times 8 =$ ☐　　$7 \times 9 =$ ☐　　$9 \times 9 =$ ☐

$6 \times 7 =$ ☐　　$8 \times 7 =$ ☐　　$9 \times 8 =$ ☐

$7 \times 8 =$ ☐　　$8 \times 6 =$ ☐　　$9 \times 6 =$ ☐

$$\begin{array}{r} 6 \\ \times\ 9 \\ \hline \end{array}$$
$$\begin{array}{r} 8 \\ \times\ 4 \\ \hline \end{array}$$
$$\begin{array}{r} 9 \\ \times\ 7 \\ \hline \end{array}$$

$$\begin{array}{r} 7 \\ \times\ 4 \\ \hline \end{array}$$
$$\begin{array}{r} 8 \\ \times\ 8 \\ \hline \end{array}$$
$$\begin{array}{r} 7 \\ \times\ 7 \\ \hline \end{array}$$

6~9의 단 곱셈구구 연습 (3)

선으로 이어진 두 수의 곱을 □ 안에 쓰세요.

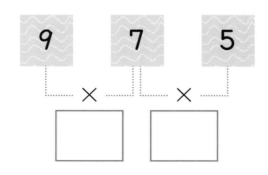

🐷 가로, 세로로 두 수의 곱에 맞게 빈칸에 알맞은 수를 쓰세요.

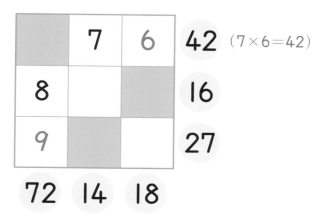

	7	6	**42** (7×6=42)
8			**16**
9			**27**
72	**14**	**18**	

(8×9=72)

8			**48**
	7		**35**
			36
72	**42**	**20**	

6			**42**
	8		**24**
			45
54	**40**	**21**	

	9		**72**
6			**12**
			21
42	**27**	**16**	

곱셈구구 연습 (1)

화살표 방향으로 곱셈을 하려고 합니다. 빈칸에 알맞은 수를 쓰세요.

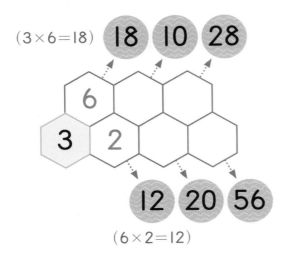

$(3 \times 6 = 18)$

$(6 \times 2 = 12)$

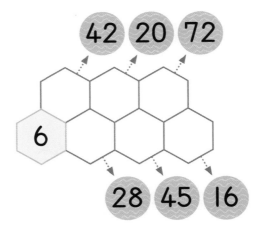

곱셈을 하세요.

$2 \times 7 = \boxed{}$ $5 \times 6 = \boxed{}$ $8 \times 3 = \boxed{}$

$3 \times 5 = \boxed{}$ $6 \times 9 = \boxed{}$ $9 \times 7 = \boxed{}$

$4 \times 8 = \boxed{}$ $7 \times 7 = \boxed{}$ $9 \times 9 = \boxed{}$

$$\begin{array}{r} 7 \\ \times\ 9 \\ \hline \end{array}$$ $$\begin{array}{r} 9 \\ \times\ 4 \\ \hline \end{array}$$ $$\begin{array}{r} 3 \\ \times\ 7 \\ \hline \end{array}$$

$$\begin{array}{r} 8 \\ \times\ 8 \\ \hline \end{array}$$ $$\begin{array}{r} 4 \\ \times\ 6 \\ \hline \end{array}$$ $$\begin{array}{r} 6 \\ \times\ 6 \\ \hline \end{array}$$

곱셈구구 연습 (2)

🐷 가로, 세로 방향으로 곱셈을 하여 곱셈구구 퍼즐을 완성하세요.

3	9	2	7
			7
			4
	3		9

$(3 \times 9 = 27)$

$(7 \times 7 = 49)$

	4		2
7		6	3
	3		

5			
8		3	
	6		4
0		4	

	9	7	2
		8	
6			4
		6	

곱셈구구 퍼즐을 완성하세요.

4	7	2	8						
		9			7	4	2		
5		1		6		8			
	9								
4				6		4	8		
5			4						
		5		7		2	4		
		8		4		0			
		1							
6	9					7	6	3	

곱셈구구 연습 (3)

일의 자리 수와 십의 자리 수를 곱하여 곱셈 열차를 완성하세요. (단, 한 자리 수는 그 수를 2번 곱합니다.)

🐷 규칙에 맞게 미로를 통과하는 길을 선으로 나타내세요.

규 칙

1 도착한 곳의 수가 두 자리 수이면 각 자리 숫자의 곱이 있는 곳으로 갑니다.

2 도착한 곳의 수가 한 자리 수이면 그 수를 2번 곱한 수가 있는 곳으로 갑니다.

확인학습

1 곱셈표를 완성하세요.

×	1	2	3	4	5	6	7	8	9
1	1	2	3	4	5	6	7	8	9
2	2	4		8	10		14		18
3	3		9	12	15		21	24	27
4	4	8	12		20	24		32	
5	5		15	20	25		35	40	
6	6	12		24	30	36			54
7	7	14	21		35		49	56	
8	8		24	32	40	48		64	
9	9		27		45	54		72	81

9의 단 곱셈구구

9 × 1 = ☐
9 × 2 = ☐
9 × 3 = ☐
9 × 4 = ☐
9 × 5 = ☐
9 × 6 = ☐
9 × 7 = ☐
9 × 8 = ☐
9 × 9 = ☐

8의 단 곱셈구구

8 × 1 = ☐
8 × 2 = ☐
8 × 3 = ☐
8 × 4 = ☐
8 × 5 = ☐
8 × 6 = ☐
8 × 7 = ☐
8 × 8 = ☐
8 × 9 = ☐

7의 단 곱셈구구

7 × 1 = ☐
7 × 2 = ☐
7 × 3 = ☐
7 × 4 = ☐
7 × 5 = ☐
7 × 6 = ☐
7 × 7 = ☐
7 × 8 = ☐
7 × 9 = ☐

6의 단 곱셈구구

6 × 1 = ☐
6 × 2 = ☐
6 × 3 = ☐
6 × 4 = ☐
6 × 5 = ☐
6 × 6 = ☐
6 × 7 = ☐
6 × 8 = ☐
6 × 9 = ☐

곱셈구구

구구단을 다 외웠지?
우리 확인해 보자.

×	1	2	3	4	5	6	7	8	9
1									
2									
3									
4									
5									
6									
7									
8									
9									

지오플릭은?

누리 과정부터 초등, 중등에 이르기까지 입체로 만들어 볼 수 있는 대부분의 입체도형과 전개도 활동까지 할 수 있는 최고의 도형교구입니다.

특징

• '폴리카보네이트'를 사용하여 가볍고 탄력적이며 잘 부러지지 않아 안전합니다.

• 반영구적인 사용이 가능하여 경제적이고, 결합과 분해가 자유로워 편리합니다.

• 창의력을 발휘하여 다양한 입체구조물을 만들 수 있습니다.

지오플릭 New 베이직세트

• 정다면체, 각기둥, 각뿔, 원기둥, 원뿔, 구, 델타 다면체, 아르키메데스의 다면체, 존슨다면체(일부) 등을 만들 수 있습니다.

• 구성물 피스(PCS)를 확충하여 다양한 입체 활동이 가능합니다.

• 120여 가지의 활용례를 담은 가이드북을 제공하여 재미있게 학습할 수 있습니다.

New 지오플릭 입체도형 세트

관찰할 수 있는 다양한 입체 블록을 보고 지오플릭으로 입체도형을 만들어 보고, 각 입체도형의 성질을 탐구합니다.

New 지오플릭 기둥과 뿔 세트

입체도형에서 가장 기초가 되는 직육면체의 성질을 탐구하고 기둥과 뿔을 입체로 나타내고 각각의 전개도 활동을 할 수 있습니다. 주사위 칠점 원리와 점, 선, 면의 개수를 알아보는 오일러 정리를 학습합니다.

New 지오플릭 정다면체 세트

입체의 단면과 회전체를 탐구하고 테셀레이션과 정다면체, 아르키메데스의 다면체를 학습합니다.

New 지오플릭 창의 세트

창의적으로 상상할 수 있는 다양한 모양을 만들어 보며 공간감을 키우고, 복잡한 사물을 단순화시켜 부분을 먼저 만들고 연결하여 전체 입체물을 만들어 봅니다.

'예비 초등 수학'

구구단

정답

지식과 상상

예비 초등 ┊ 구구단 **2**

정답

구구단 2

6주차

바꾸어 곱하기

3일차

두 수를 바꾸어 곱을 구하세요.

두 수를 바꾸어 곱하도 계산 결과는 똑같아.

$2 \times 4 = 8$
$4 \times 2 = 8$

$3 \times 5 = 15$
$5 \times 3 = 15$

$3 \times 4 = 12$
$4 \times 3 = 12$

$4 \times 5 = 20$
$5 \times 4 = 20$

바꾸어 곱하기를 생각하여 ☐ 안에 알맞은 수를 쓰세요.

$2 \times 3 = 3 \times \boxed{2}$
$3 \times 6 = 6 \times \boxed{3}$
$4 \times 8 = 8 \times \boxed{4}$

$2 \times 7 = \boxed{7} \times 2$
$5 \times 6 = \boxed{6} \times 5$
$3 \times 9 = \boxed{9} \times 3$

$2 \times 6 = 12$
$6 \times 2 = \boxed{12}$

$3 \times 8 = 24$
$8 \times 3 = \boxed{24}$

$4 \times 7 = 28$
$7 \times 4 = \boxed{28}$

$5 \times 9 = 45$
$9 \times 5 = \boxed{45}$

32단계 6, 7, 8, 9와 2, 3의 곱

바꾸어 곱하기를 이용하여 6, 7, 8, 9와 2, 3의 곱을 알아봅시다.

×	1	2	3	4	5	6	7	8	9
1	1	2	3	4	5	6	7	8	9
2	2	4	6	8	10	12	14	16	18
3	3	6	9	12	15	18	21	24	27
4	4	8	12	16	20	24	28	32	36
5	5	10	15	20	25	30	35	40	45
6	6	12	18	24	30	36	42	48	54
7	7	14	21	28	35	42	49	56	63
8	8	16	24	32	40	48	56	64	72
9	9	18	27	36	45	54	63	72	81

6, 7, 8, 9와 2, 3의 곱은 2, 3과 6, 7, 8, 9의 곱과 같아.

2, 3의 단 곱셈구구와 바꾸어 곱하기를 이용하면 쉽게 알 수 있어.

6×2= 12 (2×6)
7×2= 14 (2×7)
8×2= 16 (2×8)
9×2= 18 (2×9)

6×3= 18 (3×6)
7×3= 21 (3×7)
8×3= 24 (3×8)
9×3= 27 (3×9)

바꾸어 곱셈을 하세요.

2×6= 12
6×2= 12

2×8= 16
8×2= 16

3×6= 18
6×3= 18

3×8= 24
8×3= 24

2×7= 14
7×2= 14

2×9= 18
9×2= 18

3×7= 21
7×3= 21

3×9= 27
9×3= 27

월   일

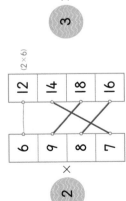

6, 7, 8, 9와 2, 3의 곱셈 연습

🐷 곱셈을 하여 알맞게 선을 이으세요.

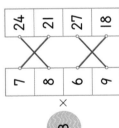

×		
6	12 (2×6)
9	14
8	18
7	16

2

3		
7	24
8	21
6	27
9	18

3

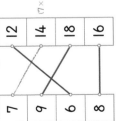

×		
7	12 (7×2)
9	14
6	18
8	16

2

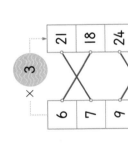

×		
6	21
7	18
9	24
8	27

3

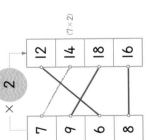

🐷 곱셈을 하세요.

6×3= 18

8×3= 24

6×2= 12

9×2= 18

7×2= 14

9×3= 27

×	2	3
6	12 (6×2)	18
7	14 (7×2)	21

×	2	3
9	18	27
8	16	24

×	2	3
8	16	24
9	18	27

×	3	2
7	21	14
6	18	12

4과시 6, 7, 8, 9와 4, 5의 곱

바꾸어 곱하기를 이용하여 6, 7, 8, 9와 4, 5의 곱을 알아봅시다.

×	1	2	3	4	5	6	7	8	9
1	1	2	3	4	5	6	7	8	9
2	2	4	6	8	10	12	14	16	18
3	3	6	9	12	15	18	21	24	27
4	4	8	12	16	20	24	28	32	36
5	5	10	15	20	25	30	35	40	45
6	6	12	18	24	30	36	42	48	54
7	7	14	21	28	35	42	49	56	63
8	8	16	24	32	40	48	56	64	72
9	9	18	27	36	45	54	63	72	81

6, 7, 8, 9와 4, 5의 곱은 4, 5와 6, 7, 8, 9의 곱과 같아

4, 5단 곱셈구구와 바꾸어 곱하기를 이용하면 쉽게 알 수 있어.

6×4= 24 (4×6) 6×5= 30 (5×6)

7×4= 28 (4×7) 7×5= 35 (5×7)

8×4= 32 (4×8) 8×5= 40 (5×8)

9×4= 36 (4×9) 9×5= 45 (5×9)

바꾸어 곱셈을 하세요.

4×6= 24   4×7= 28

6×4= 24   7×4= 28

4×8= 32   4×9= 36

8×4= 32   9×4= 36

5×6= 30   5×7= 35

6×5= 30   7×5= 35

5×8= 40   5×9= 45

8×5= 40   9×5= 45

6, 7, 8, 9와 4, 5의 곱 연습

곱셈을 하여 알맞게 선을 이으세요.

곱셈을 하세요.

6×5=30   8×4=32   7×4=28
7×5=35   9×5=45   9×4=36

×	4	5
7	28	35
6	24	30

×	4	5
9	36	45
8	32	40

×	5	4
8	40	32
9	45	36

×	5	4
6	30	24
7	35	28

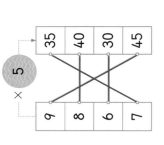

36일차 6, 7, 8, 9와 2~5의 곱 연습 (1)

🐷 곱셈을 하여 알맞게 선을 이으세요.

7×5	30	5×6
6×5	35	5×9
9×5	45	5×7

9×4	28	4×7
7×4	32	4×9
8×4	36	4×8

8×3	27	3×8
9×3	24	3×6
6×3	18	3×9

🐷 □ 안에 알맞은 수를 쓰세요.

$7 \times 4 = 4 \times \boxed{7} = \boxed{28}$

$9 \times 5 = 5 \times \boxed{9} = \boxed{45}$

$8 \times 3 = 3 \times \boxed{8} = \boxed{24}$

$9 \times 2 = \boxed{2} \times 9 = \boxed{18}$

$6 \times 5 = \boxed{5} \times 6 = \boxed{30}$

$7 \times 3 = \boxed{3} \times 7 = \boxed{21}$

$6 \times 3 = \boxed{18}$

$9 \times 4 = \boxed{36}$

$8 \times 3 = \boxed{24}$

$7 \times 2 = \boxed{14}$

$8 \times 5 = \boxed{40}$

$9 \times 3 = \boxed{27}$

$8 \times 4 = \boxed{32}$

$9 \times 5 = \boxed{45}$

$6 \times 4 = \boxed{24}$

확인학습

1 바꾸어 곱셈을 하세요.

$4 \times 7 = 28$　　$3 \times 9 = 27$

$7 \times 4 = 28$　　$9 \times 3 = 27$

2 곱셈을 하여 알맞게 선을 이으세요.

| 4×9 | 5×7 | 3×8 |

| 24 | 36 | 35 |

| 7×5 | 8×3 | 9×4 |

3 곱셈을 하세요.

$8 \times 4 = 32$　　$6 \times 3 = 18$　　$9 \times 5 = 45$

곱셈구구 다지기

3가차 6, 7, 8, 9와 2~5의 곱 연습 (2)

주어진 수를 이용하여 곱셈식 2개를 만드세요.

45	9	5

5 × 9 = 45
9 × 5 = 45

6	4	24

4 × 6 = 24
6 × 4 = 24

8	2	16

2 × 8 = 16
8 × 2 = 16

7	21	3

3 × 7 = 21
7 × 3 = 21

9	18	2

2 × 9 = 18
9 × 2 = 18

5	35	7

5 × 7 = 35
7 × 5 = 35

안의 수가 곱셈구구의 값이 되는 두 수를 찾아 선으로 이으세요.

(5 × 6)

정답

6, 7, 8, 9와 2~5의 곱 연습 (3)

선으로 이어진 두 수의 곱을 □안에 쓰세요.

2	7	5

14 (2×7)　35 (7×5)

5	9	3

45　27

3	8	5

24　40

3	6	4

18　24

4	8	2

32　16

5	7	4

35　28

□안에 알맞은 수를 쓰세요.

6 ×2=12　　7 ×3=21　　8 ×4=32

7 ×4=28　　6 ×5=30　　6 ×4=24

9 ×5=45　　9 ×3=27　　7 ×2=14

×	2	3
6	12	18
7	14	21
8	16	24
9	18	27

×	4	5
6	24	30
7	28	35
8	32	40
9	36	45

100까지의 수를 바르게 읽은 것을 찾아 선으로 이으세요.

56	사십구
49	육십삼
63	오십육

54	오십사
81	팔십일
45	오십사

36	사십팔
42	사십이
48	삼십육

64	사십
40	육십사
72	칠십이

39일차 100까지의 수

얼마인지 □ 안에 쓰세요.

42 원

54 원

64 원

45 원

56 원

72 원

49 원

63 원

81 원

9씩 뛰어 세기

생각열기

9씩 뛰어 세었습니다. □ 안에 9씩 뛰어 센 수를 쓰고, 옳은 말에 ○표 하세요.

1	2	3	4	5	6	7	8	9	10
11	12	13	14	15	16	17	18	19	20
21	22	23	24	25	26	27	28	29	30
31	32	33	34	35	36	37	38	39	40
41	42	43	44	45	46	47	48	49	50
51	52	53	54	55	56	57	58	59	60
61	62	63	64	65	66	67	68	69	70
71	72	73	74	75	76	77	78	79	80
81	82	83	84	85	86	87	88	89	90

9 — 18 — 27 — 36 — 45 — 54 — 63 — 72 — 81

■ 9씩 뛰어 세면 십의 자리 숫자는 1 씩 (커지고), 작아지고),

　일의 자리 숫자는 1 씩 (커집니다 , 작아집니다),

■ 9씩 뛰어 센 수의 일의 숫자와 십의 자리 숫자의 합은 모두 9 입니다.

9씩 뛰어 세어 차례로 선을 이으세요.

9의 단 곱셈구구

9의 단 곱셈구구를 알아봅시다.

×	1	2	3	4	5	6	7	8	9
1	1	2	3	4	5	6	7	8	9
2	2	4	6	8	10	12	14	16	18
3	3	6	9	12	15	18	21	24	27
4	4	8	12	16	20	24	28	32	36
5	5	10	15	20	25	30	35	40	45
6	6	12	18	24	30	36	42	48	54
7	7	14	21	28	35	42	49	56	63
8	8	16	24	32	40	48	56	64	72
9	9	18	27	36	45	54	63	72	81

9의 단 곱셈구구의 앞부분은 바꾸어 곱하기를 이용하여 이미 알고 있어.

9의 단 곱셈구구의 곱은 일의 자리 숫자와 십의 자리 숫자를 더하면 항상 9가 돼.

9×1= 9 구일은구
9×2= 18 구이십팔
9×3= 27 구삼이십칠
9×4= 36 구사삼십육
9×5= 45 구오사십오
9×6= 54 구육오십사
9×7= 63 구칠육십삼
9×8= 72 구팔칠십이
9×9= 81 구구팔십일

9의 단 곱셈을 하세요.

9×1= 9   9×7= 63
9×2= 18   9×8= 72
9×3= 27   9×9= 81
9×4= 36
9×5= 45
9×6= 54

×	1	2	3
9	9	18	27

×	3	4	5
9	27	36	45

×	5	6	7
9	45	54	63

×	7	8	9
9	63	72	81

9의 단 손가락 구구법

12일차

손가락을 이용하여 9의 단 곱셈구구를 알아봅시다.

손가락 10개 중
세 번째 손가락에 접혀 있어,
이건 9 곱하기 3을 뜻해.

접은 손가락 왼쪽에 있는
손가락 2개는 십의 자리 수야.

접은 손가락 오른쪽에 있는
손가락 7개는 일의 자리 수지.

$9 \times 3 =$ 27

9 곱하기 3은 27이야.
QR 코드를 이용하여
동영상을 보면
좀더 이해가 잘 돼.

손가락을 보고 곱셈을 하세요.

$9 \times 4 =$ 36

$9 \times 7 =$ 63

$9 \times 2 =$ 18

$9 \times 8 =$ 72

월 일

확인학습

1 선으로 이어진 두 수의 곱을 ☐ 안에 쓰세요.

3	×	6	4	×	4
	18			24	

4	×	9	3
	36	×	27

2 9씩 뛰어 센 수를 차례대로 쓰세요.

9	18	27	36	45	54	63	72	81

3 곱셈을 하세요.

$7 \times 2 = 14$

$8 \times 4 = 32$

$9 \times 6 = 54$

43강 9의 단 곱셈구구 연습

9의 단 곱셈구구의 값이 아닌 것을 모두 찾아 ✕표 하세요.

| 9 | 16 | 81 | 36 | 35 | 27 |
| 54 | 72 | 45 | 30 | 18 | 56 |

곱셈구구의 값을 따라 지나는 길을 선으로 나타내세요.

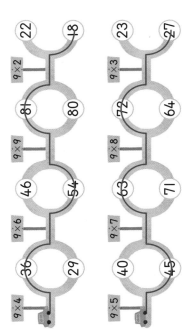

숫자 카드를 한 장씩 모두 사용하여 곱셈식을 완성하세요.

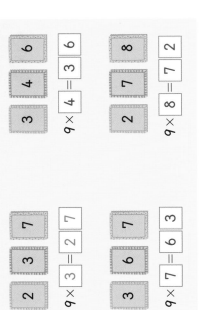

$9 \times 3 = 2\,7$

$9 \times 7 = 6\,3$

$9 \times 4 = 3\,6$

$9 \times 8 = 7\,2$

곱셈을 하여 빈칸에 알맞은 수를 쓰세요.

손가락 구구법 (1)

6, 7, 8, 9인 곱셈구구를 손가락 구구법으로 나타내는 방법을 알아봅시다.

×	1	2	3	4	5	6	7	8	9
1	1	2	3	4	5	6	7	8	9
2	2	4	6	8	10	12	14	16	18
3	3	6	9	12	15	18	21	24	27
4	4	8	12	16	20	24	28	32	36
5	5	10	15	20	25	30	35	40	45
6	6	12	18	24	30	36	42	48	54
7	7	14	21	28	35	42	49	56	63
8	8	16	24	32	40	48	56	64	72
9	9	18	27	36	45	54	63	72	81

6   7   8   9

왼손은 곱해지는 수가 됩니다.

6   7   8   9

오른손은 곱하는 수가 됩니다.

손가락 모양을 보고 알맞은 곱셈식을 쓰세요.

6 × 8

9 × 7

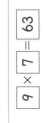

손가락 구구법 (2)

손가락 구구법을 이용하여 6, 7, 8, 9의 단 곱셈구구를 알아봅시다.

왼쪽 손은 7, 오른쪽 손은 8을 나타내는 거야.

우와~
7×8을 나타내는구나.

3×2=6

2+3=5

$7 \times 8 = 56$

편 손가락 개수를 곱해.
3×2=6
이건 일의 자리 수야.
7×8=56인 거야.

접은 손가락 개수를 더해.
2+3=5
이건 십의 자리 수가 돼.

👆 손가락 모양을 보고 곱셈을 하세요.

4×2

1+3

$6 \times 8 = 48$

$9 \times 7 = 63$

👆 손가락을 이용하여 곱셈을 하세요.

$6 \times 9 = 54$

$9 \times 8 = 72$

$8 \times 8 = 64$

$7 \times 9 = 63$

$7 \times 7 = 49$

$8 \times 7 = 56$

46일차 손가락 구구법 (3)

손가락 구구법을 이용하여 6×6, 6×7, 7×6을 알아봅시다.

펼친 손가락은 1개, 2개요,
1+2=3, 30이군.

펼친 손가락은 4개, 3개요,
4×3=12

4×3=12

1+2=3

6×7= 42

따라서 6×7은
30+12=42가 되는거야.

🖐 손가락 모양을 보고 곱셈을 하세요.

7 × 6 = 42

6 × 6 = 36

🖐 손가락을 이용하여 곱셈을 하세요.

6×6= 36   6×7= 42   7×6= 42

4주차 6의 단 곱셈구구

🐢 6의 단 곱셈구구를 알아봅시다.

×	1	2	3	4	5	6	7	8	9
1	1	2	3	4	5	6	7	8	9
2	2	4	6	8	10	12	14	16	18
3	3	6	9	12	15	18	21	24	27
4	4	8	12	16	20	24	28	32	36
5	5	10	15	20	25	30	35	40	45
6	6	12	18	24	30	36	42	48	54
7	7	14	21	28	35	42	49	56	63
8	8	16	24	32	40	48	56	64	72
9	9	18	27	36	45	54	63	72	81

6의 단 곱셈구구에서 곱하는 수가 1씩 커지면 그 곱은 6씩 커집니다.

6의 단 곱셈구구의 값은 6단 곱셈구구표에서 찾아보거나 곱셈구구표를 이용해.

6의 단 곱셈구구의 값은 6씩 커지는 규칙이 있어. 이것을 이용해.

$6 \times 1 = 6$ 육일은 육

$6 \times 2 = 12$ 육이 십이

$6 \times 3 = 18$ 육삼 십팔

$6 \times 4 = 24$ 육사 이십사

$6 \times 5 = 30$ 육오 삼십

$6 \times 6 = 36$ 육육 삼십육

$6 \times 7 = 42$ 육칠 사십이

$6 \times 8 = 48$ 육팔 사십팔

$6 \times 9 = 54$ 육구 오십사

🐢 6의 단 곱셈을 하세요.

$6 \times 1 = 6$

$6 \times 2 = 12$

$6 \times 3 = 18$

$6 \times 4 = 24$

$6 \times 5 = 30$

$6 \times 6 = 36$

$6 \times 7 = 42$

$6 \times 8 = 48$

$6 \times 9 = 54$

×	2	5	3
6	12	30	18

×	4	7	8
6	24	42	48

×	6	4	8
6	36	24	48

×	7	3	9
6	42	18	54

42 예비 초등 수학_구구단2

43

8주차: 6의 단 곱셈구구

예비 초등 수학_구구단2 **20** 정답

6의 단 곱셈구구 연습

🐷 □ 안에 알맞은 수를 넣으세요.

$6 \times 2 = 2 \times \boxed{6} = \boxed{12}$

$6 \times 3 = \boxed{3} \times 6 = \boxed{18}$

$6 \times 4 = 4 \times \boxed{6} = \boxed{24}$

$6 \times 5 = \boxed{5} \times 6 = \boxed{30}$

$6 \times 5 = \boxed{30}$ $\xrightarrow{+6}$ $6 \times 6 = \boxed{36}$

$6 \times 6 = \boxed{36}$ $\xrightarrow{+6}$ $6 \times 7 = \boxed{42}$

$6 \times 7 = \boxed{42}$ $\xrightarrow{+6}$ $6 \times 8 = \boxed{48}$

$6 \times 8 = \boxed{48}$ $\xrightarrow{+6}$ $6 \times 9 = \boxed{54}$

🐷 곱셈구구의 값을 따라 지나는 길을 선으로 나타내세요.

🐷 곱셈을 하여 빈칸에 알맞은 수를 쓰세요.

정답

확인학습

1 숫자 카드를 한 번씩 모두 사용하여 곱셈식을 완성하세요.

 4 5 6 1 2 8

$9 \times 6 = 54$

$9 \times 2 = 18$

2 □ 안에 알맞은 수를 넣으세요.

$6 \times 3 = 3 \times 6 = 18$

$6 \times 4 = 4 \times 6 = 24$

$6 \times 5 = 30$

$6 \times 6 = 36$ (+6)

$6 \times 8 = 48$

$6 \times 9 = 54$ (+6)

3 곱셈을 하세요.

$6 \times 4 = 24$

$9 \times 7 = 63$

$6 \times 6 = 36$

7, 8의 단 곱셈구구

49일차 7의 단 곱셈구구

7의 단 곱셈구구를 알아봅시다.

×	1	2	3	4	5	6	7	8	9
1	1	2	3	4	5	6	7	8	9
2	2	4	6	8	10	12	14	16	18
3	3	6	9	12	15	18	21	24	27
4	4	8	12	16	20	24	28	32	36
5	5	10	15	20	25	30	35	40	45
6	6	12	18	24	30	36	42	48	54
7	7	14	21	28	35	42	49	56	63
8	8	16	24	32	40	48	56	64	72
9	9	18	27	36	45	54	63	72	81

7의 단 곱셈구구의 앞부분은 배운 곱셈구구를 이용하면 답을 외울 수 있어.

7의 단 곱셈구구의 뒷부분은 손가락 구구단을 이용해.

$7 \times 1 = 7$ 칠일은칠

$7 \times 2 = 14$ 칠이십사

$7 \times 3 = 21$ 칠삼이십일

$7 \times 4 = 28$ 칠사이십팔

$7 \times 5 = 35$ 칠오삼십오

$7 \times 6 = 42$ 칠육사십이

$7 \times 7 = 49$ 칠칠사십구

$7 \times 8 = 56$ 칠팔오십육

$7 \times 9 = 63$ 칠구육십삼

7의 단 곱셈을 하세요.

$7 \times 1 = 7$ $7 \times 4 = 28$ $7 \times 7 = 49$

$7 \times 2 = 14$ $7 \times 5 = 35$ $7 \times 8 = 56$

$7 \times 3 = 21$ $7 \times 6 = 42$ $7 \times 9 = 63$

×	3	4	2
7	21	28	14

×	5	7	9
7	35	49	63

×	6	8	5
7	42	56	35

×	4	9	8
7	28	63	56

7의 단 곱셈구구 연습

Step 1

🔍 □ 안에 알맞은 수를 넣으세요.

$7 \times 2 = 2 \times \boxed{7} = \boxed{14}$　　　$7 \times 3 = \boxed{3} \times 7 = \boxed{21}$

$7 \times 4 = \boxed{4} \times 7 = \boxed{28}$　　　$7 \times 5 = 5 \times \boxed{7} = \boxed{35}$

$7 \times 5 = \boxed{35}$ ↘ +7
$7 \times 6 = \boxed{42}$

$7 \times 6 = \boxed{42}$ ↘ +7
$7 \times 7 = \boxed{49}$

$7 \times 7 = \boxed{49}$ ↘ +7
$7 \times 8 = \boxed{56}$

$7 \times 8 = \boxed{56}$ ↘ +7
$7 \times 9 = \boxed{63}$

🔍 곱셈구구의 값을 따라 지나는 길을 선으로 나타내세요.

🔍 곱셈을 하여 빈칸에 알맞은 수를 쓰세요.

6, 7의 단 곱셈구구 연습

5일차

곱셈을 하여 알맞게 선을 이으세요.

6과 7의 단 곱셈을 하세요.

6×9=	54		7×8=	56
6×8=	48		7×7=	49
6×7=	42		7×9=	63

6×3=	18
7×5=	35
7×2=	14

×	2	9	6
6	12	54	36

×	3	7	8
6	18	42	48
7	21	49	56

×	5	4	7
7	35	28	49

×	9	4
6	36	54	24
7	42	63	28

단의 값이 아닌 것을 모두 찾아 ×표 하세요.

7

7	2̶8̶	5̶6̶
3̶6̶	14	49
35	4̶8̶	28
3̶0̶	21	56
42	63	8̶0̶

6

12	4̶8̶	18
2̶0̶	24	5̶4̶
3̶5̶	48	42
30	3̶2̶	54
6	36	5̶6̶

STEP 52

8의 단 곱셈구구

8의 단 곱셈구구를 알아봅시다.

×	1	2	3	4	5	6	7	8	9
1	1	2	3	4	5	6	7	8	9
2	2	4	6	8	10	12	14	16	18
3	3	6	9	12	15	18	21	24	27
4	4	8	12	16	20	24	28	32	36
5	5	10	15	20	25	30	35	40	45
6	6	12	18	24	30	36	42	48	54
7	7	14	21	28	35	42	49	56	63
8	8	16	24	32	40	48	56	64	72
9	9	18	27	36	45	54	63	72	81

$8 \times 1 = 8$ 일팔은팔

$8 \times 2 = 16$ 이팔십육

$8 \times 3 = 24$ 삼팔이십사

$8 \times 4 = 32$ 사팔삼십이

$8 \times 5 = 40$ 오팔사십

$8 \times 6 = 48$ 육팔사십팔

$8 \times 7 = 56$ 칠팔오십육

$8 \times 8 = 64$ 팔팔육십사

$8 \times 9 = 72$ 팔구칠십이

8의 단 곱셈을 하세요.

$8 \times 1 = 8$ $8 \times 4 = 32$ $8 \times 7 = 56$

$8 \times 2 = 16$ $8 \times 5 = 40$ $8 \times 8 = 64$

$8 \times 3 = 24$ $8 \times 6 = 48$ $8 \times 9 = 72$

×	4	7	3
8	32	56	24

×	6	8	5
8	48	64	40

×	9	2	6
8	72	16	48

×	8	9	7
8	64	72	56

8의 단 곱셈구구 연습

5일차

☆ □ 안에 알맞은 수를 넣으세요.

$8 \times 2 = 2 \times 8 = 16$

$8 \times 3 = 3 \times 8 = 24$

$8 \times 4 = 4 \times 8 = 32$

$8 \times 5 = 5 \times 8 = 40$

$8 \times 5 = 40$
$8 \times 6 = 48$ ↘ +8

$8 \times 6 = 48$
$8 \times 7 = 56$ ↘ +8

$8 \times 7 = 56$
$8 \times 8 = 64$ ↘ +8

$8 \times 8 = 64$
$8 \times 9 = 72$ ↘ +8

☆ 곱셈구구의 값을 따라 지나는 길을 선으로 나타내세요.

☆ 곱셈을 하여 빈칸에 알맞은 수를 쓰세요.

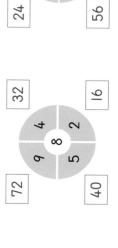

정답

7, 8의 단 곱셈 연습

곱셈을 하여 알맞게 선을 이으세요.

7과 8의 단 곱셈을 하세요.

$7 \times 5 = 35$　　$7 \times 9 = 63$　　$8 \times 8 = 64$

$7 \times 8 = 56$　　$8 \times 6 = 48$　　$8 \times 4 = 32$

$7 \times 7 = 49$　　$8 \times 7 = 56$　　$8 \times 9 = 72$

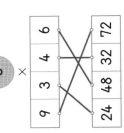

×	3	8	5
8	24	64	40

×	6	4	2
7	42	28	14

×	5	9	6
8	40	72	48
7	35	63	42

×	4	7	9
7	28	49	63
8	32	56	72

확인학습

1 □ 안에 알맞은 수를 넣으세요.

$7 \times 3 = 3 \times 7 = 21$ $8 \times 4 = 4 \times 8 = 32$

$7 \times 5 = 35$
$7 \times 6 = 42$ (+7)

$8 \times 5 = 40$
$8 \times 6 = 48$ (+8)

2 곱셈구구의 값을 따라 지나는 길을 선으로 나타내세요.

6×9   7×9   6×8   8×7

54 48   79 63   48 52   54 56

3 곱셈을 하세요.

$6 \times 8 = 48$ $7 \times 6 = 42$

$8 \times 9 = 72$

1주차 곱셈구구

55일차 6~9의 단 곱셈구구 연습 (1)

★ 각 단의 값을 따라 미로를 통과하세요.

6의단

7의단

8의단

9의단

★ 각 단의 값이 아닌 것을 모두 찾아 ✕표 하세요.

6의단

6	1̶6̶	42	2̶6̶	54	36
30	18	48	3̶0̶	24	12

7의단

21	2̶7̶	28	63	49	6̶4̶
56	14	5̶0̶	35	42	7

8의단

40	8	72	64	16	56
2̶8̶	32	5̶4̶	24	6̶6̶	48

9의단

18	1̶9̶	9	9̶2̶	27	36
4̶4̶	72	45	54	81	63

6~9의 단 곱셈구구 연습 (2)

관계있는 것끼리 선으로 이으세요.

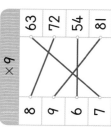

곱셈을 하세요.

6 × 8 = 48   7 × 9 = 63   9 × 9 = 81

6 × 7 = 42   8 × 7 = 56   9 × 8 = 72

7 × 8 = 56   8 × 6 = 48   9 × 6 = 54

64 예비 초등 수학_구구단2

65 10주차: 곱셈구구

예비 초등 수학_구구단2 **31** 정답

6~9의 단 곱셈구구 연습 (3)

5과

선으로 이어진 두 수의 곱을 □ 안에 쓰세요.

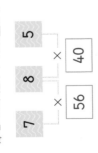

7	8	5
×	×	
56	40	

8	9	9
×	×	
72	81	
42		

7	6	8
×	×	
42	48	

9	6	6
×	×	
54	36	

6	7	7
×	×	
42	49	

9	7	5
×	×	
63	35	

가로, 세로로 두 수의 곱에 맞게 빈칸에 알맞은 수를 쓰세요.

(7×6=42)

	7	6	42
8	2		16
9		3	27
72	14	18	

(8×9=72)

	8	6	48
	7	5	35
		4	36
72	42	20	

6	7		42
	8	3	24
9		5	45
54	40	21	

9	8		72
	2		12
	6	3	21
	7		
42	27	16	

예비 초등 수학_구구단2 32 정답

구구단 연습 (1)

화살표 방향으로 곱셈을 하려고 합니다. 빈칸에 알맞은 수를 쓰세요.

(3 × 6 = 18)

(6 × 2 = 12)

곱셈을 하세요.

2×7= 14	5×6= 30	8×3= 24
3×5= 15	6×9= 54	9×7= 63
4×8= 32	7×7= 49	9×9= 81

정답

59일차 구구단 연습 (2)

가로, 세로 방향으로 곱셈을 하여 곱셈구구 퍼즐을 완성하세요.

(3×9=27)

(7×7=49)

곱셈구구 퍼즐을 완성하세요.

곱셈구구 연습 (3)

일의 자리 수와 십의 자리 수를 곱하여 곱셈 열차를 완성하세요. (단, 한자리 수는 그 수를 2번 곱합니다.)

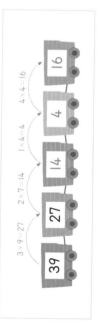

3×9=27 2×7=14 1×4=4 4×4=16

| 39 | 27 | 14 | 4 | 16 |

| 49 | 36 | 18 | 8 | 64 |

| 75 | 35 | 15 | 5 | 25 |

| 38 | 24 | 8 | 64 | 24 |

규칙에 맞게 미로를 통과하는 길을 선으로 나타내세요.

규칙

1 도착한 곳의 수가 두 자리 수이면 각 자리 숫자의 곱이 있는 곳으로 갑니다.

2 도착한 곳의 수가 한 자리 수이면 그 수를 2번 곱한 수가 있는 곳으로 갑니다.

1 3×2=6   2 6×6=36

확인학습

1 구구셈표를 완성하세요.

×	1	2	3	4	5	6	7	8	9
1	1	2	3	4	5	6	7	8	9
2	2	4	6	8	10	12	14	16	18
3	3	6	9	12	15	18	21	24	27
4	4	8	12	16	20	24	28	32	36
5	5	10	15	20	25	30	35	40	45
6	6	12	18	24	30	36	42	48	54
7	7	14	21	28	35	42	49	56	63
8	8	16	24	32	40	48	56	64	72
9	9	18	27	36	45	54	63	72	81

6의 곱셈구구

$6 \times 1 = 6$
$6 \times 2 = 12$
$6 \times 3 = 18$
$6 \times 4 = 24$
$6 \times 5 = 30$
$6 \times 6 = 36$
$6 \times 7 = 42$
$6 \times 8 = 48$
$6 \times 9 = 54$

7의 곱셈구구

$7 \times 1 = 7$
$7 \times 2 = 14$
$7 \times 3 = 21$
$7 \times 4 = 28$
$7 \times 5 = 35$
$7 \times 6 = 42$
$7 \times 7 = 49$
$7 \times 8 = 56$
$7 \times 9 = 63$

8의 곱셈구구

$8 \times 1 = 8$
$8 \times 2 = 16$
$8 \times 3 = 24$
$8 \times 4 = 32$
$8 \times 5 = 40$
$8 \times 6 = 48$
$8 \times 7 = 56$
$8 \times 8 = 64$
$8 \times 9 = 72$

9의 곱셈구구

$9 \times 1 = 9$
$9 \times 2 = 18$
$9 \times 3 = 27$
$9 \times 4 = 36$
$9 \times 5 = 45$
$9 \times 6 = 54$
$9 \times 7 = 63$
$9 \times 8 = 72$
$9 \times 9 = 81$

곱셈구구

구구단을 다 외웠니?
우리 확인해 보자.

×	1	2	3	4	5	6	7	8	9
1	1	2	3	4	5	6	7	8	9
2	2	4	6	8	10	12	14	16	18
3	3	6	9	12	15	18	21	24	27
4	4	8	12	16	20	24	28	32	36
5	5	10	15	20	25	30	35	40	45
6	6	12	18	24	30	36	42	48	54
7	7	14	21	28	35	42	49	56	63
8	8	16	24	32	40	48	56	64	72
9	9	18	27	36	45	54	63	72	81

" **Toddlers want to learn about what,
and I think they want to learn right now.** "
– Glenn Doman

어린 아이는 무엇에 대해서 배우고 싶어하며,
바로 지금 배우고 싶다고 생각한다.
- 인간능력개발연구소 소장, 글랜 도만 -